AF370267

BASSIN DU RHONE.

RECHERCHES STATISTIQUES

SUR LES CALCAIRES

A CHAUX HYDRAULIQUES.

PARIS. — IMPRIMERIE ET FONDERIE DE FAIN, RUE RACINE, N°, 4,
PLACE DE L'ODÉON.

BASSIN DU RHONE.

RECHERCHES STATISTIQUES

SUR LES CALCAIRES

A CHAUX HYDRAULIQUES

DES DÉPARTEMENS

DE L'ISÈRE, DES HAUTES-ALPES, DES BASSES-ALPES, DE LA DRÔME, DE VAUCLUSE, DU VAR, DES BOUCHES-DU-RHÔNE, DU GARD, DE L'ARDÈCHE ET DU RHÔNE ;

PAR M. VICAT,

INGÉNIEUR EN CHEF DES PONTS ET CHAUSSÉES.

(Extrait des Annales des Ponts et Chaussées.)

A PARIS,

CHEZ CARILIAN-GOEURY,

LIBRAIRE DES CORPS DES PONTS ET CHAUSSÉES ET DES MINES,
QUAI DES AUGUSTINS, N°. 41.

1834.

BASSIN DU RHONE.

RECHERCHES STATISTIQUES

SUR LES CALCAIRES

A CHAUX HYDRAULIQUES.

AVANT-PROPOS.

Nous nous sommes proposé de prouver que toutes les formations calcaires par voies de sédiment, renfermant des bancs ou couches propres à fournir par une calcination convenable, non-seulement des chaux hydrauliques de bonne qualité, mais aussi des cimens plus ou moins actifs ; et afin d'atteindre ce but, nous avons recueilli dans les localités les plus importantes de chaque département, et, en attaquant indifféremment toutes les formations qui se sont présentées, un certain nombre d'échantillons dont la totalité à la fin de notre tournée s'est élevée à plus de six cents. Sur ce nombre nous comptons environ deux cent trente-cinq fragmens d'origine jurassique ; deux cent quatre-vingt-seize de divers étages des terrains crétacés, et cent huit appartenant aux formations tertiaires moyennes et inférieures.

L'examen chimique de ces divers échantillons est consigné dans la série de tableaux ci-joints (*) ; à ce sujet

---

(*) Les tableaux mentionnés par M. Vicat sont trop étendus pour être insérés dans les *Annales*. M. le directeur général se propose de les faire lithographier, afin de les distribuer à MM. les ingénieurs du bassin du Rhône, pour lesquels ils sont du plus haut intérêt.

(*Note du secrétariat des Annales.*)

quelques explications deviennent nécessaires : on s'ac-
corde généralement à reconnaître aujourd'hui qu'une
pierre donne de la chaux hydraulique lorsqu'elle contient
de 10 à 25 parties d'argile pour 100; et on convient que
l'énergie de la chaux se mesure alors, assez exactement,
par le chiffre qui exprime *la quantité argile*. Si donc on
n'avait pas à craindre la présence du fer et de la magnésie, il suffirait, pour classer très-approximativement
une pierre à chaux, d'en séparer l'argile par l'acide hydrochlorique; mais cet acide, dissolvant les principes inertes, peut les soustraire à l'examen; or, ces principes
inertes se rencontrent parfois en quantité assez notable
pour paralyser l'effet des principes actifs; ainsi, la demi-
analyse dont on vient de parler, n'établit pas toujours
infailliblement le degré d'hydraulicité de la chaux, et
peut même, quelquefois, signaler comme pierre à chaux
hydraulique un carbonate dont on ne tirerait qu'une chaux
maigre ou peut-être rien du tout.

Ces cas sont cependant rares : les calcaires argilo-magné-
siens du département de l'Isère, par exemple, se classent
tous assez exactement par la seule évaluation de l'argile
qu'ils renferment, parce que 5 ou 6 pour 100 de magnésie et de fer ne sauraient exercer un influence nuisible bien prononcée, si tant est qu'elle soit nuisible dans
d'aussi petites proportions.

Nous n'avons donc pas cru devoir, par égard pour
quelques exceptions, entreprendre d'effectuer complète-
ment plus de six cents analyses. Le travail d'une année
n'y aurait pas suffi.

Nous nous sommes attaché seulement à bien distin-
guer dans les résidus non attaqués par l'acide, ce qui
est argile de ce qui est silice à l'état de sable fin, afin de
séparer les chaux qui ne sont que maigres, de celles qui
sont à la fois maigres et hydrauliques ; or, dans cet état
de choses, il pourrait arriver, comme nous l'avons déjà

dit, qu'à raison d'une forte dose de magnésie nécessairement inaperçue, nous eussions signalé comme propres à fournir de la chaux grasse, ou même moyennement hydrauliques, quelques carbonates à chaux seulement maigre; mais ces cas sont certainement fort rares, et nous pensons qu'on peut adopter comme exacts les neuf dixièmes de nos appréciations, et c'est tout ce que nous pouvions désirer. Aucun ingénieur au surplus ne s'aviserait d'employer sans essais préalables, même sur la foi d'une analyse complète, une chaux jusqu'alors inconnue; un tel excès de confiance n'est donc point à craindre.

Il est peut-être inutile d'ajouter, en terminant cet avertissement, que notre mission ne pouvait être d'épuiser les recherches dans chaque localité; il a dû nous suffire de rencontrer le plus souvent ce que nous cherchions, pour mettre sur la même voie les ingénieurs, les architectes et les autres personnes intéressées d'une manière quelconque à se procurer des chaux de bonne qualité.

OBSERVATIONS PARTICULIÈRES SUR CHAQUE DÉPARTEMENT.

Isère. —Les masses calcaires du département de l'Isère appartiennent à deux formations ou époques géologiques désignées sous le nom de jurassique ou de crétacée. Celle-ci comprend deux étages et se subdivise conséquemment en formation cretacée inférieure ou supérieure; or, chacun de ces terrains a ses bancs ou couches argilifères, reconnaissables le plus souvent à une texture grossière ou marneuse.

On ne citait qu'une ou deux chaux médiocrement hydrauliques dans le département de l'Isère avant l'année 1827, époque à laquelle j'indiquai, comme propre à en fournir d'excellente, les bancs marneux exploités simultanément avec la pierre à bâtir à la carrière dite de la porte de France à Grenoble. Depuis cette époque, M. l'ingénieur en chef des mines Gueymard a soumis à l'analyse près de cent cinquante échantillons pris sur tous les points du département. Le tableau relatif au département de l'Isère, dans lequel j'ai consigné les résultats obtenus par ce savant et laborieux chimiste, montre avec quelle profusion le calcaire à chaux hydraulique est répandu dans toutes les localités.

On trouvera dans ce même tableau diverses indications de calcaires bons à essayer comme pierres à cimens naturels. Ce sont ceux qui renferment plus de 25 pour 100 d'argile; déjà le capitaine du génie Corrèze s'est livré à diverses recherches de ce genre sur les marnes de la porte Saint-Laurent à Grenoble, et si la promptitude de la prise répondait à la dureté acquise en peu de temps par quelques-uns de ses essais, le département posséderait l'équivalent du ciment de Pouilly. Nous reviendrons sur ce sujet.

Hautes-Alpes. — On rencontre dans les Hautes-Alpes les mêmes formations calcaires que dans le département de l'Isère, excepté l'étage supérieur du terrain crétacé. Je devais donc, à peu de chose près, m'attendre à y rencontrer aussi tous les bancs argileux reconnus précédemment, et c'est en effet ce que prouve le tableau qui concerne le département des Hautes-Alpes. Les chaux hydrauliques et les calcaires propres à la confection des cimens abondent comme on le voit sur tous les points. J'ai essayé à Grenoble même un de ces calcaires provenant des environs de Veynes. Le produit obtenu, convenablement employé, a durci dans l'eau en moins d'une heure, et a acquis d'ailleurs la même dureté que le ciment de Pouilly. Voici l'analyse de la pierre de Veynes; je la dois à l'obligeance de mon camarade et ami M. Gueymard.

Argile. 26 40
Carbonate de fer. 4 22
Carbonate de magnésie. 1 27
Carbonate de chaux. 67 40
Eau. 0 71

                        Total. 100 00

Basses-Alpes. — Les terrains des Basses-Alpes sont plus variés que les précédens, les formations tertiaires commencent à s'y montrer ; mais la nature y a répandu avec la même abondance les matériaux que nous cherchons.

Var. — Nous avons dû étudier le département du Var avec d'autant plus de soin, que sa position géographique, lui donnant la Méditerranée pour limite au sud, en fait sous le rapport des travaux hydrauliques un des points de la France les plus importans. On n'y connaissait cependant aucune chaux hydraulique il y a dix-huit mois : on n'avait point, il est vrai, considéré comme une chose impossible d'en trouver dans les régions montueuses situées au nord de Draguignan, mais toute la partie qui s'étend au sud et embrasse l'intervalle compris entre Nice et la Ciotat, était à peu près frappée d'interdiction. Or, c'est précisément sur cette ligne que le besoin de chaux hydraulique se faisait le plus vivement sentir. Cette première ressource manquait tout-à-fait aux ports d'Antibes et de Toulon.

Nous pouvons affirmer maintenant que le département du Var est tout aussi bien partagé, sous ce rapport, que les autres départemens voisins. J'ai trouvé aux portes mêmes de Draguignan, sur les confins des terrains crétacés et du grès bigarré, des marnes blanchâtres ou jaunâtres, ou d'un vert jaunâtre très-pâle, constituées chimiquement en chaux et en argile, dans les proportions voulues pour se transformer en excellentes chaux hydrauliques par la cuisson. J'ai remarqué les mêmes près d'Antibes, sur le site dit des Barraques et des Orangers, entre Clausonne et les Postes. Je dois toutefois avertir que l'on se tromperait beaucoup si l'on s'en rapportait exclusivement pour le choix aux caractères extérieurs de ces substances, car il en est d'assez pures pour ne donner que de la chaux grasse. Il y aura donc une distinction à faire; on devra préalablement assigner la position précise et la circonscription des bancs ou masses par nous explorés. Il aurait fallu séjourner sur les lieux plus long-temps que ne le comportait ma mission, pour se livrer avec succès à ce travail qui n'offre rien de difficile à quiconque sait attaquer une pierre avec l'acide muriatique *affaibli*, et juger approximativement de la quantité d'argile qu'elle contient, par le plus ou moins d'abondance du résidu insoluble.

A Toulon même, j'ai été devancé dans mes recherches par M. l'ingénieur des ponts et chaussées Noël. J'ai dû me borner à reconnaître la précieuse carrière qu'il a découverte entre le fort rouge et la redoute Saint-Antoine, et à constater en même temps, la dureté acquise par des bétons fabriqués avec du sable ordinaire seulement, et de la chaux extraite des pierres provenant de la carrière susdite. Ces bétons, immergés depuis six mois, offraient toute la consistance que l'on doit attendre d'une bonne chaux hydraulique ordinaire.

Toulon a donc aussi maintenant sa chaux hydraulique; la pierre qui la fournit appartient à l'étage inférieur de la formation crétacée; nul doute qu'on n'en trouve bientôt d'autres, et surtout dans la petite portion de calcaire jurassique qui s'étend autour du lieu dit *Lagoubron*, là où la marine fait exploiter sa pierre à bâtir; ainsi un banc marneux très-mince qui se présente dans cette carrière a donné une pierre à ciment naturel; de semblables bancs plus gros doivent exister aux environs.

Bouches-du-Rhône. — Les alluvions occupent vers l'ouest une grande partie de ce département, mais aux environs de Marseille et d'Aix et sur les bords de la Durance, les masses calcaires se présentent en abondance. Elles appartiennent principalement aux formations tertiaires moyennes et aux étages inférieurs des terrains crétacés. Au moment de mon arrivée à Marseille, on exploitait à l'entrée du port un calcaire marneux pour déblayer un vaste emplacement destiné à la construction d'un bassin de radoub, et les produits de cette exploitation étaient transportées au loin et jetés à la mer. Il n'était venu à la pensée de personne de chercher à en tirer parti ; il y avait cependant dans ces déblais de quoi fournir quantité d'excellente chaux hydraulique, et même des cimens analogues au ciment de Pouilly. J'ai pu le constater, non-seulement par le fait même, en traitant par la cuisson des échantillons de grosseur convenable qui me sont parvenus à Grenoble par les soins de M. l'ingénieur des ponts et chaussées Gensolen. Il y a donc eu ici double perte, celle des matériaux et de l'argent employé à s'en débarrasser.

Des marnes analogues se retrouvent au sud du port, entre la localité dont on vient de parler et le village d'Andôme. Toutes ne sont pas également bonnes, mais il s'en rencontre de parfaites dans quelques-unes des petites gorges ou dépressions qui avoisinent la mer. C'est principalement dans les couches feuilletées qu'il faut les chercher.

Vaucluse. — Je ne puis que répéter pour ce département ce que j'ai dit de tous les autres, savoir : qu'il n'est pas une localité, le terrain d'alluvion excepté, où l'on ne puisse trouver de la chaux hydraulique. Je dois cependant appeler d'une manière toute particulière l'attention des constructeurs sur un calcaire

blanc à texture grossière, qui se trouve aux environs de
Gorcles, dans la localité dite la *Tombe de l'ours marin*.
Ce calcaire n'a donné, il est vrai, que 6.66 pour 100 de
résidu insoluble, dans l'acide muriatique étendu, mais
ce résidu était de la silice gélatineuse, de sorte qu'il ne
serait pas impossible qu'à l'état naturel, le carbonate
dont il s'agit ne possédât des propriétés analogues à
celles des pouzzolanes. C'est un essai à faire.

Gard. — Les calcaires à chaux hydrauliques sont ré-
pandus dans le département du Gard avec une espèce de
profusion, surtout dans les arrondissemens de Nismes et
d'Alais; ils sont fournis indifféremment par les formations jurassique, crétacée et tertiaire moyenne.

Ardèche. — Les deux tiers de la superficie de ce département, vers l'ouest, appartiennent aux formations
dites primordiales; les terrains jurassiques sont au cen-
tre, et les étages inférieurs des calcaires crétacés for-
ment la série de montagnes qui longent à l'est le cours
du Rhône. C'est conséquemment à ceux-ci qu'appartiennent les fameuses chaux dites *du Theil*, bien qu'au
Theil il n'y ait aucun four à chaux. Les carrières sont
ouvertes entre le Theil et Viviers, le calcaire nuancé
de jaune et de gris qu'on y exploite se retrouve à
Gruas, à Baix, aux environs de Saint-Andéol, et en
un mot, sur toute la ligne qui s'étend de Saint-Andéol
à la Voulte.

La chaux du Theil n'est bien connue que depuis une
dizaine d'années ; c'est par elle que les piles ou culées
des divers ponts suspendus jetés sur le Rhône, entre
Lyon et Arles, ont pu être fondées avec tant de célérité
et d'économie. Le calcaire siliceux du Theil, pris au
grand four situé entre Boury et Viviers, a été analysé

au laboratoire de la faculté des sciences de Grenoble, par les soins de M. l'ingénieur en chef des mines Gueymard. Voici sa composition :

Argile. { Silice.	17	40
{ Alumine.	3	10
Alumine libre.	o	3o
Carbonate de magnésie.	4	7o
Carbonate de chaux.	74	4o
Total.	99	9o

On voit qu'ici l'argile s'écarte considérablement des proportions moyennes reconnues, tant dans les argiles libres que dans celles qui constituent la plupart des autres chaux hydrauliques. La silice y domine d'une manière remarquable.

Le département de l'Ardèche est riche aussi en pierre à cimens. Celle qu'exploite M. le vicomte de Barrès du Molard, près de Chômerac est trop chargée en argile; on en trouverait de bien meilleure plus près du Rhône, soit dans la traverse qui conduit de Chômerac à Baix, soit au-dessous de Saint-Andéol, dans le ravin de la font de Brunette.

Drôme. — Les calcaires qui s'étendent de Montélimart à Livron sont absolument identiques avec ceux de la rive droite du Rhône; il n'est donc pas étonnant que les chaux hydrauliques des environs de Mirmande et notamment celle de Ser-de-Parc, soient absolument les mêmes que la chaux du Theil. Au surplus, il est peu de localités qui n'en puissent fournir abondamment. Je recommande à l'investigation des constructeurs les calcaires du col qui sépare Dieu-le-Fit du Péage de la Roche-Saint-Secret. Autant qu'il est possible d'en juger par l'analogie et par l'analyse, il doit y avoir dans cette localité des pierres à cimens d'une qualité supérieure.

Rhône. — Les quatre cinquièmes de la surface de ce département se composent de terrains primitifs ou de transition. Le reste appartient aux formations calcaires dites secondaires, sauf quelques points où se montre un calcaire noirâtre de transition.

J'ai dû en conséquence borner mes recherches à un tout petit espace compris entre la Saône et la route de Mâcon, depuis Lyon jusqu'à Chasselay, et au territoire qui s'étend de Chessy à Villefranche, sur une largeur d'environ deux lieues.

Les variétés calcaires qui se présentent le plus communément dans ces localités, se font remarquer par les couleurs jaune clair foncé ou tirant sur l'ocre ou fer hydraté, et par une texture généralement cristalline et quelquefois oolithique. Traitées par l'acide hydrochlorique, même à chaud, ces variétés laissent des dépôts rougeâtres qui annoncent une assez grande quantité de fer étroitement lié avec la silice. Le poids de ces dépôts fortement calcinés a varié de 2 à 13 pour 100. Il est douteux que, même à la limite *maximum* de ces proportions, les calcaires dont il s'agit puissent fournir de la chaux moyennement hydraulique, à cause de la quantité de fer dont les résidus sont chargés; cependant il convient d'essayer.

En suivant les indications que je dois à l'obligeance de M. l'ingénieur des mines Puvis, j'ai poussé mes courses jusqu'à Thisy. Séduit par l'aspect marneux de quelques échantillons tirés de cette localité, j'espérais y faire quelque découverte heureuse, mais les nouveaux échantillons recueillis n'ont, comme les premiers, donné à l'analyse que de 2 à 4.66 pour 100 de résidu insoluble. Ainsi se sont évanouies mes dernières espérances. Des recherches opiniâtres conduiraient peut-être à trouver quelques couches suffisamment chargées d'argile, au-dessus et au-dessous des calcaires à gryphées des environs de Chessy d'Oingt, mais le triage en demanderait difficile et peut-être impraticable, en tant que livré au discernement de simples ouvriers.

Le département du Rhône est donc tout-à-fait pauvre en chaux hydraulique, c'est une conséquence du peu d'étendue des terrains calcaires et du petit nombre de chances qui en sont le résultat.

Cimens naturels.

Nos tableaux signalent dans un grand nombre de localités des substances calcaires offrant les caractères chimiques des pierres à cimens. Un essai fait sur un échantillon des Hautes-Alpes a justifié au delà de mes espérances les prévisions de l'analyse. Il est donc à croire qu'il en sera bientôt de ces cimens comme des chaux hydrauliques qui, très-rares il y a 15 ans, sont aujourd'hui presque aussi communes que les chaux grasses. Si les propriétés des cimens naturels dépendaient rigoureusement des proportions définies de tels ou tels principes, il faudrait se résigner à payer long-temps encore un tribut aux localités privilégiées. Mais l'analyse montre qu'à des proportions assez différentes de chaux et d'argile, etc., peuvent correspondre des propriétés équivalentes.

Je dois à l'obligeance de M. Lacordaire un échantillon de calcaire à ciment, actuellement exploité à Pouilly ; nous l'avons, M. Gueymard et moi, examiné avec beaucoup d'attention. Deux analyses opérées contradictoirement ont donné, savoir :

Par l'eau de chaux.			*Par une autre méthode.*		
Chaux par différence..	33	00	Chaux.	31	80
Argile.	13	60	Argile.	13	60
Alumine libre.	0	80	Alumine libre.	1	10
Magnésie.	9	80	Magnésie.	9	80
Protoxide de fer.	3	40	Protoxide de fer et de manganèse...}	4	50
Oxide de manganèse.	1	40			
Perte par calcination.	38	00	Perte par calcination.	38	00

Nous nous sommes procuré à Grenoble même du ciment de Pouilly ; M. Gueymard, à ma prière, l'a soumis à une analyse scrupuleuse, et a trouvé :

Chaux.	37	
Résidu insoluble ou argile.	19	80
Alumine libre.	3	40
Magnésie.	8	80
Peroxide de fer.	12	40
Oxide de manganèse.	3	40
Perte par calcination.	11	00
TOTAL.	95	80

Ces exemples montrent des variations de composition très-notables, même dans les cimens de Pouilly (*) ; d'un autre côté, l'analyse du ciment de Veyne, rapportée ci-devant, ne donne aucune trace de manganèse et dénote fort peu de magnésie ; donc les propriétés de ces cimens ne dépendent pas des proportions rigoureuses de certains principes. Le champ ouvert aux recherches s'agrandit en conséquence et promet d'heureux résultats à ceux qui voudront l'explorer avec persévérance.

Je ne puis terminer ce court exposé sans remercier MM. les ingénieurs des départemens que j'ai parcourus, de l'empressement qu'ils ont mis à recueillir et à m'offrir un grand nombre d'échantillons calcaires. Je proclame ici avec reconnaissance combien cette obligeante coopération m'a été utile.

Grenoble, 22 février 1834.

(*) Il est très-remarquable que huit à dix parties de magnésie n'exercent aucune influence fâcheuse sur l'énergie des cimens.